AF152629

BEI GRIN MACHT SICH IHR WISSEN BEZAHLT

- Wir veröffentlichen Ihre Hausarbeit, Bachelor- und Masterarbeit

- Ihr eigenes eBook und Buch - weltweit in allen wichtigen Shops

- Verdienen Sie an jedem Verkauf

Jetzt bei www.GRIN.com hochladen und kostenlos publizieren

Tobias Zapf

Problemlösen im Mathematikunterricht

Zahlen und Operationen - Problemlösen - 4. Klasse Grundschule

GRIN Verlag

Bibliografische Information der Deutschen Nationalbibliothek:

Die Deutsche Bibliothek verzeichnet diese Publikation in der Deutschen National-
bibliografie; detaillierte bibliografische Daten sind im Internet über http://dnb.d-
nb.de/ abrufbar.

Impressum:

Copyright © 2010 GRIN Verlag GmbH
Druck und Bindung: Books on Demand GmbH, Norderstedt Germany
ISBN: 978-3-656-08878-3

Dieses Buch bei GRIN:

http://www.grin.com/de/e-book/184111/problemloesen-im-mathematikunterricht

GRIN - Your knowledge has value

Der GRIN Verlag publiziert seit 1998 wissenschaftliche Arbeiten von Studenten, Hochschullehrern und anderen Akademikern als eBook und gedrucktes Buch. Die Verlagswebsite www.grin.com ist die ideale Plattform zur Veröffentlichung von Hausarbeiten, Abschlussarbeiten, wissenschaftlichen Aufsätzen, Dissertationen und Fachbüchern.

Besuchen Sie uns im Internet:

http://www.grin.com/

http://www.facebook.com/grincom

http://www.twitter.com/grin_com

Problemlösen im
Mathematikunterricht

Seminar: Kompetenzorientierter Mathematikunterricht

WS 10/11

30.11.2010

Tobias Zapf

Inhaltsverzeichnis

1. Theorie zum Problemlösen

1.1. Definitionen von Problemlösen

Problemlösen im Sinne der Erwartungen des Kerncurriculums für das Fach Mathematik wird immer dann von den Schülerinnen und Schülern erwartet, wenn eine Lösungsstruktur nicht naheliegend oder offensichtlich ist und demzufolge strategisches Vorgehen zur Lösungsfindung erforderlich ist. Die Kompetenz Probleme zu lösen zeigt sich demnach darin, dass die Schülerinnen und Schüler über geeignete Strategien zur Auffindung mathematischer Lösungsansätze und Lösungswege verfügen und zudem darüber reflektieren können. Grundlegend sind dabei u. a. die Anwendung verschiedener heuristischer Prinzipien und das Verwenden geeigneter Hilfsmittel.[1]

In Anlehnung daran gibt es zentrale Punkte, die das Problemlösen bei verschiedenen Aufgaben näher beschreiben. Von diesen Punkten müssen allerdings nicht alle erfüllt sein.

Bei Problemlöseaufgaben steht das Problem im Vordergrund und nicht das Rechnen an sich. Die Lösungsfindung soll nach dem Prinzip „Der Weg ist das Ziel" erfolgen.
Weiterhin sind oftmals verschiedene Lösungswege und auch Lösungen möglich. Somit kann von einem offenen Weg ausgegangen werden. Problemlöseaufgaben lassen sich bei verschiedenen Themen der Mathematik anwenden. Dabei haben diese Aufgaben nahezu immer einen Alltagsbezug. Bei den Fragestellungen handelt sich um offene Fragestellungen. Diese gibt einen großen Bereich als Antwortmöglichkeiten. Unumgänglich ist bei dieser Art von Aufgaben die Anwendung verschiedener heuristischer Hilfsmittel, die im Folgenden noch näher erläutert werden. Die Aufgaben können außerdem themenübergreifend eingesetzt werden. Es kann durchaus auch das Ziel gegeben sein, von dem die Schülerinnen und Schüler auf den Anfangszustand zurückschließen müssen.
Problemlöseaufgaben eignen sich bei jeder Sozialform. Ob als Einleitung im Frontalunterricht, bei einer Gruppenarbeit, Partnerarbeit oder als in der Einzelarbeit als eigene Auseinandersetzung mit dem Thema. Jedoch ist dabei zu beachten, dass sich ein Problem am besten mit mehreren Personen diskutieren lässt.

---

[1] Niedersächsischen Kultusministerium (2006): Kerncurriculum Mathematik für die Realschule
Schuljahrgänge 5 -10 : Prozessbezogener Kompetenzbereich Problemlösen, S.16f

1.2. Heuristische Strategien/ Prinzipien

Heuristische Strategien sind Hilfsmittel um Aufgaben umzustrukturieren oder die Gedanken in eine bestimmte Richtung zu lenken. Dadurch wird die Lösungsbestimmung erleichtert. Die vier Bekanntesten sind das Vorwärtsarbeiten, das Rückwärtsarbeiten, das Invarianzprinzip und das Systematische Probieren.[2]

1.3. Heuristische Hilfsmittel

Um bei der der Anwendung heuristischer Strategien und Prinzipien eine Lösung zu finden, eignet sich das Hinzuziehen verschiedener heuristische Hilfsmittel. Diese sind dafür da, um die Aufgabe aus unterschiedlichen Blickwinkeln zu lösen.

Drei nennenswerte Hilfsmittel sind die Tabelle, die informative Figur und die Gleichung.[3]

1.4. Anwendung Heuristischer Strategien und Hilfsmittel an

Aufgaben

a) Berechne die fehlenden Winkel.

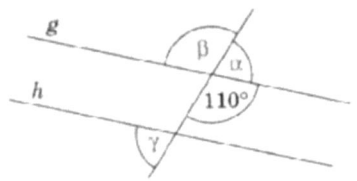

Dies ist ein Beispiel zum Vorwärtsarbeiten. Dabei wird von dem ausgegangen, was man hat und hangelt sich von dort aus vorwärts. Die informative Figur ist hier bereits gegeben.

Der Winkel Beta ist der Scheitelwinkel zu 110°.

Alpha lässt sich durch die Gleichung $180° - 110° = 70°$ berechnen.

Gamma ist der Wechselwinkel zu Alpha und beträgt ebenfalls 70°. Eine Tabelle als heuristisches Hilfsmittel ist hier eher ungeeignet.[4]

---

[2] Abels, L.(2002): Ich hab's – Tipps, Tricks und Übungen zum Problemlösen, S.10
[3] ebd. S.10
[4] Heuristik im Mathematikunterricht (2004). Seminararbeit, S.4

b) Du möchtest ein rechteckiges Blumenbeet anlegen. Die Blumenerde, die du hast,

reicht für 48 m². Welche Maße kann das Beet haben?

Dies ist ein Beispiel zum Rückwärtsarbeiten. Es wird hier
Ergebnis ausgegangen und von dort aus zurückgerechnet.
informative   Figur   kann   eine   Zeichnung   zur
Veranschaulichung sein.

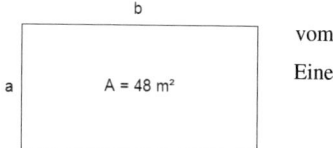

vom

Eine

a	b	A
1m	48m	48m²
2m	24m	48m²
3m	16m	48m²
usw.		48m²

Über die Gleichung $A = a \cdot b$ können verschiedene
Möglichkeiten in einer Tabelle zusammengefasst werden:

c) Ein Beispiel für das Invarianzprinzip ist folgende Aufgabe:

Wie geht die Zahlenfolge weiter?   2   7   12   17   __

Hierbei wird auf die Unveränderlichkeit von Aufgabenelementen abgezielt. Es existiert mindestens
eine Sache, die sich nicht verändert! Dieses ist die Invariante. Bei der Zahlenfolge ist die Invariante
Zahl 5. Jede Zahl ist um 5 größer. Damit lautet die gesuchte Zahl 22. Als informative Figur wären
gebogene Pfeile mit der Beschriftung „+5" zwischen die einzelnen Zahlen möglich. Eine Tabelle ist
hier auch wenig geeignet.

d) Das Systematisches Probieren ist nicht mit dem planlosen Probieren, mit unstrukturiertem
Versuch oder Irrtum gleichzusetzen. Es geht vielmehr wie der Name schon sagt, um das Finden der
Lösung durch System.

Eine Aufgabe könnte wie folgt lauten: Die Mutter der Drillinge Lea, Bea und Thea ist 3-mal so alt wie ihre Töchter gemeinsam. Alle Vier zusammen sind 60 Jahre alt.

Wie alt sind die Töchter/ ist die Mutter?

Am besten geeignet ist das heuristische Hilfsmittel der Gleichung: Die zwei Gleichungen lauten:

I   : $M + L + B + T = 60$

II   : $M = 3 \cdot (L + B + T)$

Die zweite Gleichung für M in die erste eingesetzt ergibt, dass die Drillinge zusammen 15 Jahre sind. Damit ist ein Kind 5 Jahre alt. Es folgt daraus, dass die die Mutter $3 \cdot 15 = 45$ Jahre alt ist.

M	L	B	T	Ges.	
30	10	10	10	60	Widerspruch zur Aufg.
42	6	6	6	60	Widerspruch zur Aufg.
45	5	5	5	60	

In einer Tabelle könnten die verschiedenen Möglichkeiten durchgespielt werden.

Eine informative Figur ist bei der Aufgabe nicht geeignet.

2. Unterrichtsplanung einer Unterrichtsstunde zum Thema Problemlösen

2.1. Unterrichtsvorbereitung

Fach: Mathematik

Klasse: 4 Klasse Grundschule

Thema der Unterrichtseinheit: „Zahlen und Operationen"

Thema der Unterrichtsstunde: „Problemlösen"

2.2. Kompetenzen

	Thema der Stunde:
	„Zahlen und Operationen"

Hauptintention der Stunde:

Die Schüler sollen sich mit Problemlöseaufgaben auseinandersetzen.

zu sichernde und aufzubauende Kompetenzen

Kompetenz		Erwartungen, Kenntnisse, Fertigkeiten	Lerngelegenheiten (wird aufgebaut durch)
Prozessbezogener Kompetenzbereich	Kommunizieren Argumentieren	• beschreiben und begründen eigene Lösungswege/ Vorgehensweisen und reflektieren darüber • lernen eingeführte mathematischen Fachbegriffe sachgerecht zu benutzen	• Die Schülerinnen & Schüler versuchen verschiedene Lösungswege für die Problemlöseaufgabe herauszufinden und stellen diese vor • Schülerinnen & Schüler verwenden bei der Vorstellung der Lösungsergebnisse Fachbegriffe um diese zu erläutern
	Darstellen/ Didaktisches Material verwenden	• nutzen geeignete Formen der Darstellung für das Bearbeiten mathematischer Aufgaben	• Schülerinnen & Schüler können Skizzen und Tabellen nutzen, um die Problemlöseaufgabe zu lösen
	Modellieren	• entnehmen Sachtexten und anderen Darstellungen der Lebenswirklichkeit die relevanten Informationen	• Schülerinnen & Schüler entnehmen aus der Problemlöseaufgabe die wichtigsten Informationen

8

Inhaltsbezogener Kompetenz-bereich	Problemlösen	• lernen Lösungsstrategien besser kennen • beschreiben Lösungswege mit eigenen Worten und überprüfen die Plausibilität der Ergebnisse.	• Schülerinnen & Schüler lernen, dass sie durch systematisches Probieren, Vor- und Rückwärtsarbeiten Aufgaben lösen können • Schülerinnen & Schüler beschreiben ihre Lösungswege bei der Vorstellung des Plakats und begründen, wie sie auf diese Lösung kommen
	Operationen verstehen	• nutzen Fachbegriffe wie addieren, subtrahieren, multiplizieren und dividieren	• Schülerinnen & Schüler benutzen Fachbegriffe bei der Vorstellung des Plakats
	Operationen beherschen	• Nutzen dekadische Analogien • Verbessern das Rechnen mit Operationen	• Schülerinnen & Schüler nutzen, um die Problemlöseaufgabe zu lösen schriftliche Verfahren, wie schriftliches Addieren, Subtrahieren oder Multiplizieren

2.2. Stundenverlauf

Zeit/ Phase	Geplantes Unterrichtsgeschehen	Sozial- und Organisations-form	Medien/ Materialien	Didaktisch-methodische Begründung
8.00h Begrüßung	L. begrüßt SuS und SuS begrüßen L.; L. fordert SuS auf genau zuzuhören	Frontal-unterricht		
8,03h Hinführung	L. beginnt Geschichte zu erzählen: „Neulich war ich auf dem Bauernhof und ihr glaubt ja nicht was mir da passiert ist! Wisst ihr überhaupt was es so für Tiere auf dem Bauernhof gibt? „ SuS nennen unterschiedliche Tiere; L. greift Tiere auf und reagiert besonders bei Hühnern und Kühen indem parallel Piktogramme von einem Huhn und einer Kuh an die Tafel gepinnt werden; „Und auf dem Bauernhof war ich in dem Stall in dem die Hühner und Kühe waren. Ich war dabei das Futter in einer Schubkarre zu verteilen und kam ins Stolpern! Direkt vor mir auf dem Boden lag ein Holzstück über das ich stolperte…und plötzlich lag ich auf dem Boden und über mir waren lauter Beine. Ich fing an zu zählen und zählte 20 Beine!!!" L. formuliert Aufgabenstellung: „Wie viele Kühe und wie viele Hühner waren in dem Stall?"	Sitzkreis	Geschichte; Piktogramme	Geschichte soll den SuS das Erfassen der Problemstellung erleichtern; Piktogramme dienen als Visualisierung und halten die wichtigen Informationen vor Augen
8.08h Arbeitsphase	L. verteilt Plakate und Stifte und teilt SuS in 4 Gruppen ein; L. stellt Hilfsmittel bereit und unterstützt Sus bei Aufgabenbearbeitung; Sus probieren Problemstellung zu bearbeiten und halten ihre Ergebnisse auf einem Plakat fest	Gruppen-arbeit	Streichhölzer; Plakate; Stifte	Streichhölzer sollen symbolisch für Beine stehen; SuS können unterschiedliche Lösungsansätze legen
8.28h Ergebnis-sicherung	L. bittet SuS sich im Kinositz vor der Tafel zu versammeln; Die Gruppen stellen nacheinander ihre Ergebnisse vor und erläutern ihre Lösungswege; SuS und L. diskutieren unterschiedliche Strategien und kommen zu dem Ergebnis, dass es nicht nur eine richtige Lösung bzw. Lösungsweg gibt	Kinositz; Plenum	Plakate; Tafel	SuS stellen unterschiedliche Ergebnisse vor, die den SuS ermöglichen sollen selbst zur Erkenntnis zu kommen, dass es nicht nur eine richtige Lösung gibt
8.43h	L. bittet SuS an den Platz zu gehen, aufzuräumen und verabschiedet sich	Frontal-unterricht		

2.3. Methodische Vorüberlegung

Die Unterrichtsstunde hat das Thema „Lösen einer Problemlöseaufgabe" und beginnt den Einstieg mit einer Geschichte als Einführung für eine Aufgabe. Diese wird in einer Geschichte verpackt, sodass die Schüler sich noch intensiver mit der Aufgabe beschäftigen können und noch mehr motiviert werden. Eine Alternative wäre eine allgemeine Einführung für Problemlöseaufgaben zu geben und dann die Aufgabe zu nennen. Dieses wäre aber weniger angebracht für eine Grundschule und würde sie weniger motivieren.

Die Piktogramme dienen für den Schüler als Visualisierung und wichtige Informationen zusammenzufassen.

Im Anschluss daran verteilt der Lehrer Plakate mit Stiften und Hilfsmitteln. Er wählt Plakate damit die Schüler ihre heuristischen Strategien auf einem Plakat festhalten können und genug Platz haben für verschiedene Lösungsansätze. Desweiteren bekommen diese Hilfsmittel, Streichhölzer, die symbolisch für die Beine der Tiere stehen sollen und zum anderen der Lehrer selber, der den Schülern bei der Aufgabenstellung / Bearbeitung unterstützt. Die Streichhölzer sollen den Schülern helfen sich die Beine der Tiere bildlich vorzustellen, um auf mehrere Lösungsansätze bzw. einen zu kommen.

Nach der Bearbeitung der Problemlöseaufgabe verteilen sich die Schüler mit dem Lehrer als Beispiel um einen Kinositz im Klassenraum. Dieses ist ein besonderes Ritual in der Klasse. In Folge dessen haben die SuS die Aufgabe ihre Lösungsansätze vorzustellen, damit die anderen SuS auf die Erkenntnis kommen, dass es nicht nur ein Lösungsweg gibt.

Man hätte auch die Möglichkeit, die Klasse an ihren Gruppentischen sitzen zu lassen und die einzelnen Gruppen von der Tafel aus vortragen zu lassen. Wenn aber die Sus das Ritual haben sich um den Kinositz zu platzieren, dann würde man damit das Ritual unterbinden.

In der Gruppenarbeit soll neben dem lösen von Problemlöseaufgaben die Operationen geübt und das Sozialverhalten gefördert werden.

Im Vordergrund des Unterrichts steht somit das Ausprobieren und Anwenden von heuristischen Verfahren bzw. Strategien.

2.4. Didaktische Analyse

Im Mathematikunterricht erwerben die Ss. grundlegende sachrechnerische Kenntnisse und Fertigkeiten.

Zahlen und Operationen stellen einen sehr wichtigen Bestandteil unserer heutigen Gesellschaft dar, da es notwendig ist zu lernen, wie zum Beispiel (1+1 oder 1*1) gerechnet werden, um in unserer heutigen Berufswelt arbeiten zu können. Die Ss. haben also folgenden Nutzen von dieser Thematik. Sie haben die Möglichkeit, wenn sie die Basics der Addition, Subtraktion, Multiplikation und Division beherrschen, einzukaufen, mit Geldeinheiten zu rechnen. Desweiteren ist das Umgehen von Zahlen und anwenden von Operationen die Grundlage für alle anderen mathematischen Bereiche.

Das Lösen von Problemlöseaufgaben ist für die Schüler auch im alltäglichen Leben wichtig. So lernen diese zu erkennen, dass zum Beispiel verschiedene Aufgaben im Leben mit verschiedenen Lösungen bewältigt werden können und vorgegebene Probleme eigenständig bearbeitet werden können.

Durch die Bearbeitung der Aufgabe in der Gruppe in der vorliegenden Stunde wird nicht nur die Problemlösekompetenz gefördert, sondern auch die Argumentations-, Kommunikationsfähigkeit, Darstellungsfähigkeit und das Verwenden von didaktischen Material.

Das Themenfeld „Zahlen und Operationen" und Problemlösen ist für die Jahrgangsstufen 1-4 im Lernbereich Mathematik vorgesehen. Für das Problemlösen wird geschult in mathematischen Situationen Fragen zu stellen, selbst gefundene und vorgegebene Probleme eigenständig zu bearbeiten, Lösungsstrategie zu kennen und anwenden zu können (wie z.B. systematisches Probieren, Vor- und Rückwärtsarbeiten) etc.. Die Ss. sollen am Ende der Grundschule die Operationen verstehen und anwenden, verschiedene Überprüfungsmöglichkeiten beherrschen und in Kontexten rechnen können.

In Folge dessen trägt die Behandlung von Problemlösen in der Thematik Zahlen und Operation einen wesentlichen Beitrag zur Bewältigung des Alltags bei.

2.5. Sachanalyse

In dieser Stunde beschäftigen sich die Schüler mit Problemlöseaufgaben zu dem inhaltlichen Kompetenzbereich der Zahlen und Operationen.

Eine Grundrechenart ist eine der vier mathematischen Operatoren Addition, Subtraktion, Multiplikation und Division.

Unter der Addition wird auch das „Zusammenzählen" von Zahlen verstanden (vgl. Brockhaus). Wenn mehrere Summanden oder mehrstellige Zahlen addiert werden, welches eine Summe ergibt, wird diese sehr häufig schriftlich durchgeführt. In dieser Operation fängt das addieren mit den Einern an und geht weiter mit den Zehnern, Hundertern etc..[5] Um ein Beispiel abzugeben, wenn die Summe 321 + 1232 ausgerechnet werden soll, werden die Summanden zerlegt. So werden die die Stufenschritte in diesem Beispiel von Einern bis Tausendern umgewandelt in Variablen E, Z, H, T usw.. Aufgrund dessen gilt: $(3H + 2Z + 1E) + (1T + 2H + 3Z + 2E) = 321 + 1232$. Dadurch wird die Möglichkeit gegeben die Einer, Zehner, Hunderter und Tausender zusammenzurechnen.[6] In der schriftlichen Addition werden demnach die zu addierenden Zahlen untereinander geschrieben. Es ist wichtig, dass dabei die 1, 10 ,100 usw. untereinander stehen.

Desweiteren gibt es in der Addition verschiedene Gesetzte wie Kommutativgesetz. Hierbei werden Zwei oder mehrere Summanden ausgetauscht (1+2)=(2+1). Ein anderes Gesetz ist das

---

[5] vgl. http://matheblogger.de/blog/die-schriftliche-addition-51,
  nach Mischowski/ Schütz
[6] vgl. ebd. nach Athen/ Ballier

12

Assoziativgesetz, bei dem die in der Klammer stehende Summanden mit einem außenstehenden getauscht werden können (1+2)+3=(1+3)+2.[7]

Die Subtraktion ist der Umkehrfaktor der Addition und zieht Zahlen voneinander ab. Diejenige Zahl, von der etwas abgezogen wird, nennt man auch Minuend. Die Zahl, die von dem Minuenden subtrahiert wird, wird Subtrahend genannt, was eine Differenz zur Folge hat. Im Gegenzug zu der Addition kann die Subtraktion die Grenze der natürlichen Zahlen überschreiten. Im Zahlensystem ist die Vorrausetzung für die Subtraktion, dass der Subtrahend nicht größer ist als der Minuend. Wenn dieses nicht erfüllt wird, gelangt man in den negativen Bereich der ganzen Zahlen. Ein Beispiel dafür ist, 1-2 = -1.[8] Auch bei der schriftlichen Subtraktion ist es wichtig, dass die Stufenschritte (Einer, Zehner, Hunderter usw.) untereinander geschrieben werden. Für das korrekte Vorgehen bei dem Subtrahieren ist wichtig, dass die letzten Zahlen zuerst subtrahiert werden und dann die darauffolgende fordere Ziffer.[9] Die Beherrschung der schriftlichen Subtraktion ist aber auch Basis der schriftlichen Division.

Die Division, die mit „teilen" in Verbindung gebracht wird, kann als Fortsetzung der Subtraktion gesehen werden. So wird der Dividient, die Zahl die geteilt werden soll, von dem Divisor geteilt werden. Das Ergebnis wird Quotient genannt. Beispiel: 16: 4 = 4. In der Subtraktion würde es dann wie folgt aussehen: 16-4-4-4= 0. Um auf eine Null zu kommen muss der Minuend 4x mit der 4 subtrahiert werden. Der Doppelpunkt bei einer Division kann auch mit einem Bruchstrich gekennzeichnet werden. Dieses hat zur Folge, dass alle Brüche auch als Quotient bezeichnet werden können und dementsprechend auch alle Brüche auch als Quotienten bezeichnet werden können[10].

Die Multiplikation wird mit dem sogenannten „Malnehmen" in Verbindung gebracht und ist das Gegenteil von der Division.
Sowie die Division als fortgesetzte Subtraktion verstanden werden kann, gilt das gleiche für die Multiplikation in Bezug auf die Addition. Als Beispiel 4 x 4 = 4 + 4 + 4 + 4 = 16. Die sogenannten Faktoren werden miteinander multipliziert, sodass ein Produkt (Ergebnis) zu Stande kommt.

Auch die Multiplikation unterliegt verschiedenen Gesetzten. So gilt zum Beispiel das Kommutativgesetz. Hier können die Faktoren vertauscht werden (4 x 5) = (5 x 4). Ein weiteres Gesetz ist das Assoziativgesetz bei dem Faktoren, die in einer Klammer multipliziert werden mit einen außenstehenden Faktor getauscht werden [(4 x 5) x 6) = (4 x 6) x 5]. Und das Distributivgesetz, welches angibt wie sich zwei zweistellige Verknüpfungen bei ihrer Auflösung verhalten. Es regelt die Reihenfolge, in welcher verschiedene Verknüpfungen (zum Beispiel Addition und Multiplikation) behandelt werden. Der erste Faktor wird auch als Multiplikand und der zweite als Multiplikator verstanden.[11]

Wenn der Ansatz für eine mathematische Aufgabe, um auf eine Lösung zu kommen nicht eindeutig ist und dem Bearbeiter nicht offensichtlich erscheint bzw. das gebrauchte Lösungsverfahren nicht

---

[7] Vgl. Nuran Askoy. Schriftliche Rechenverfahren Addition, S.3
[8] vgl. Norbert Matros, Michael Johann. Rechnen in der Grundschule, S. 133 ff.
[9] Vgl. Hoffmann Herbert.Grund und Aufbauwissen, S. 16 f.
[10] Vgl. Dr. Gottfried Seebode…, Neue Jahrbücher für Pielogie und Pädagogik, S.246 ff.
[11] vgl. Peter Gabriel. Matrizen, Geometrie Lineare Algebra, S. 20 ff.

zur Verfügung steht, liegt ein mathematisches Problem vor. So können zu einen bestimmten Zeitpunkt viele Aufgaben für den Bearbeiter zu problemlöseaufgaben werden.[12]

„Bei Herausforderungen des Alltags, die mit mathematischen Mitteln bearbeitet werden können, ist der Ansatz selten offensichtlich. Daher müssen im Mathematikunterricht die Bereitschaft und die Fähigkeit schrittweise entwickelt werden, Probleme anzunehmen und selbstverantwortlich und selbstreguliert Strategien anzuwenden, Lösungen zu suchen, die dafür relevanten Informationen zu sammeln, verschiedene Ansätze auszuprobieren und sich durch Misserfolge nicht entmutigen zu lassen.(…) Problemlösekompetenz beinhaltet die Fähigkeit, Strategien des Problemlösens einzusetzen. Für die Entwicklung dieser Kompetenz sind vorangegangene Problemlöseprozesse zu reflektieren."[13]

---

[12] Vgl. Niedersächsischen Kultusministerium (2006): Kerncurriculum Mathematik für die Realschule Schuljahrgänge 5 -10 : Hinweise zum Problemlösen S.16
[13] ebd. S.16

Literaturverzeichnis

Buchangaben

- Gabriel, Peter (1996). Birkhäuser Verlag. Matrizen, Geometrie Lineare Algebra. Basel. S. 20 ff.

- Niedersächsischen Kultusministerium (2006): Kerncurriculum Mathematik für die Realschule. Schuljahrgänge 5 -10 : Prozessbezogener Kompetenzbereich Problemlösen S.16f

Zeitschriften, Magazine

- Abels, L.(2002): Ich hab's – Tipps, Tricks und Übungen zum Problemlösen. Mathe-Welt-Beilage in Mathematik lehren 115 aus: Wiss. Hausarbeit an der TU Darmstadt 2000: „Ein Trainingskonzept zur Entwicklung mathematischer Problemlösekomptenzen"

Internetquellen

- Askoy, Nuran. Studienarbeit.Schriftliche Rechenverfahren Addition. S.3. Zugriff am 12.09.2010 unter
  http://books.google.de/books?id=UOiEs3_hZ_IC&printsec=frontcover&dq=schriftliche+Addition&hl=de&ei=yY6fTP_OHIaSswah0-3mDg&sa=X&oi=book_result&ct=result&resnum=2&ved=0CDEQ6AEwAQ#v=onepage&q&f=false

- Dr. Gottfried Seebode, M. Johann Christian Jahn, Prof. Reinhold Klotz. Verlag B.G. Teubner. Neue Jahrbücher für Pielogie und Pädagogik. S.246- 250, Zugriff am 12.09.2010 unter
  http://books.google.de/books?id=cToQAAAAIAAJ&pg=PA246&lpg=PA246&dq=Der+erst e+Faktor+wird+auch+als+Multiplikand+und+der+zweite+als+Multiplikator+verstanden&source=bl&ots=ee_jgDAM04&sig=ihetkjMxF3Yn3rwVhMBUa6YGzbw&hl=de&ei=I4ufTJ m9Bc7MswbElZzmDg&sa=X&oi=book_result&ct=result&resnum=1&ved=0CBYQ6AEw AA#v=onepage&q&f=false

- Peterßen, Katja. Heuristik im Mathematikunterricht (2004). Seminararbeit. Zugriff unter
  http://mathematik.ph-weingarten.de/~hafenbrak/docs/Problemloesen/Problem05.pdf

- Hoffmann Herbert (1997). Mentor Verlag GmbH München. Grund und Aufbauwissen Mathematik. S. 16 f.. Zugriff am 12.09.2010 unter http://books.google.de/books?id=tXnjtm49gWQC&pg=PA16-IA40&dq=schriftlichen+Subtraktion++einer+zehner+hunderter&hl=de&ei=V5GfTLiNDYPCswbmwrDmDg&sa=X&oi=book_result&ct=result&resnum=2&ved=0CDYQ6AEwAQ#v=onepage&q&f=false

- Mathematik Forum für Lehrer. Beitrag auf dem Forum Mathematik- Blog vom 30.11. 2009. Zugriff am 12.09.2010 unter http://matheblogger.de/blog/die-schriftliche-addition-51

- Matros Norbert, Johann Michael (2008). Pro Buisenes GmbH. Rechnen in der Grundschule. S. 133 ff.. Zugriff am 12.09.2010 unter http://books.google.de/books?id=fKTqkh5KYdYC&pg=PA134&dq=Die+Zahl,+die+von+den+Minuenden+subtrahiert+wird,+wird+Subtrahend+genannt,+was+eine+Differenz+zur+Folge+hat&hl=de&ei=BZCfTNH5IMHAswbt_sn7Dw&sa=X&oi=book_result&ct=result&resnum=6&ved=0CD0Q6AEwBQ#v=onepage&q&f=false